特别感谢：

亿阳集团

请到九华山来
送你健康和快乐

（秋天版）

庄研 著

中国时代经济出版社

图书在版编目（CIP）数据

请到九华山来　送你健康和快乐 / 庄研著. —北京：中国时代经济出版社，2012.11

ISBN 978-7-5119-1323-4

Ⅰ. ①请… Ⅱ. ①庄… Ⅲ. ①九华山－介绍②人生哲学－通俗读物 Ⅳ. ①K928.3②B821-49

中国版本图书馆 CIP 数据核字(2012)第 264467 号

书　　名：请到九华山来　送你健康和快乐
作　　者：庄　研

出版发行：中国时代经济出版社
社　　址：北京市丰台区玉林里 25 号楼
邮政编码：100069
发行热线：（010）68350173　68312508
传　　真：（010）68320634　68320484
网　　址：www.cmepub.com.cn
电子邮箱：zgsdjj@hotmail.com
经　　销：各地新华书店
印　　刷：北京画中画印刷有限公司
开　　本：787×1092　1/32
字　　数：50 千字
印　　张：4
版　　次：2012 年 11 月第 1 版
印　　次：2012 年 11 月第 1 次印刷
书　　号：ISBN 978-7-5119-1323-4
定　　价：26.00 元

目录

第一部分

人生衰老要慢，
智慧积累要快

人一出生，就不管你愿意还是不愿意，都在一天天走向衰老和死亡。千百年来，人们都在追求长生不老之术，但是没有一个人成功。好多人夭亡，特别是英才早逝、红颜薄命。为什么？主要原因是我们衰老得快，智慧得慢。

佛说："苦非苦，乐非乐，只是一时的执念而已。"物随心转，境由心造，世上的一切烦恼都是心生的。好多人、好多事都是可遇不可求，因此我们必须顺其自然，不要让自己活得很烦恼、很辛苦。

尽管我们是平常人，做不了圣人和贤人，但是我们必须要向他们学习。贤人有七德："一不班门弄斧，二不打断别人的话，三不急于求成，四提问要有针对性，五解答要符合情理，六谈话要有始有终，七要立足于实际。"

功名利禄一旦蒙蔽人们的眼睛，让心灵蒙上名利的尘埃，就会使身心格外的疲惫、烦恼和痛苦，于是疾病会像乌鸦一样在人们的头顶盘旋。

一点感悟

智者无言，沉默是金。勤睁眼，慢开口，要学大山那样的沉默和沉思。要拿得起，更要放得下。拿不起，必定放不下。

最佳人生是：生而能尽欢，死而能无憾。成为自己的主人，掌握自己的命运，创造自己的快乐，追求自己的幸福，主宰自己的时间，自己的人格能被别人尊重，自己的成就能被社会肯定，自己的长项被人们所欣赏。

经常归零，学会忘记，是减压的良方。不要总为过去的事情而懊悔焦虑和纠结，今天的太阳照不到昨天的路途，快乐活在当下。努力修正、提高和完善今天的我。

尽管我们经常停留和休息，其实我们一直在路上。我们经常为困难、烦恼的事情而焦虑，却没有心情去欣赏一路的风景，于是多了那些错过的遗憾。

人无千日勇，花无百日红，虽说枯木可逢春，但人无两度青春时。人生百年转眼尽，今日事必今日做。

一点感悟

丰富自己的知识，积累自己的智慧，美好自己的心灵，美丽自己的形象。自我丰富才能感知世界的丰富，自我美丽才能欣赏山水的妩媚和冷峻。

要有海纳百川的胸怀和壁立千仞的气度。量小的人容易经常生气动怒，不如以穹隆之量容人，则德曰广大。

不要为自己找借口，世界上只有结果和后果，过程再艰辛、再动人，没有结果，也等于什么都没有，更谈不上所谓辉煌的东西。人生如果掌握“没有任何理由、是、不是”，就会变得更优秀。

明心见性，当下自明。认识自己比认识别人更重要，清理自己心中垃圾比批评别人更重要，善待别人比赞美自己更重要。

以平常心生活，厚德载物，上善若水，以出世的精神做入世的事情。待人宽，对己严。要知道，人都有天使和魔鬼的两面性，所以对于别人的伤害和无端的评价，要报以宽厚的一笑。

世界上的事是做不完的，若一味地忙碌，不给自己一点空闲，不懂得放飞自己的心情，那么烦躁就会深深地侵入快乐的灵魂，没有片刻安宁。随时放松自己，就能得到许多快乐。

一点感悟

我们缺少的不是高深的理论、远大的理想，而是基本的生活常识和智慧以及做人基本的良知。有时候，好多人为一件事热血沸腾地高呼口号，却对身边倒地的孤寡老人冷漠相待。

智者知道自己应该做什么，不应该去做什么，愚者多是盲从、蛮干和胡言。智者从来都不奢望不属于自己的东西，而愚者则会用幻想的方式膨胀自己的欲望，从而迷失甚至埋葬了自己。

佛说："得失心不可有，分别心不可有，是非心不可有。"照亮别人，温暖自己。照亮自己，温暖别人。君子坦荡荡，小人长戚戚。

希望、信仰和爱，是人生最重要的三件事。九华山，是大愿的圣地，普陀山是大悲的圣地，五台山是大智的圣地，峨眉山是大行的圣地。人生要有希望，还要有慈悲的心和智慧的思想，再加上坚决的行动。

人生如梦如幻，荣华富贵皆是空。不要让名利束缚了身心，不要让金钱蒙蔽了双眼，不要让烦恼覆盖了平常的生活。人生转眼就是百年，什么东西应该珍惜，什么东西应该抛舍，必须智慧地早早明白。

第二部分

人生在世烦恼多，
活在当下须快乐

用欢喜的心和忧愁的心来生活，其结果是完全不同的。每天怀抱自己孩子你不会感觉到沉重，而怀抱同样分量的石头，可能一分钟都坚持不了。同样，一生一事无成的人并非都是无能之辈，关键是其生命中缺少欢喜的东西，时时刻刻被愤怒、纠结、烦恼和痛苦所包围，根本没有一个好心情去踏踏实实做事情。

要学会一边工作一边悠闲的生活方式，走走停停，看看山水，吹吹清风，赏赏明月，让心灵在放松中得到愉悦和滋润，不要每天生活在烦恼、焦虑等负面情绪的苦海中。

不要强求别人，不要苛求生活，珍惜已经拥有的幸福生活。快乐由心而生，外在的东西只是产生快乐的条件，应当从内修，往内求，这样才有真正的快乐。

一点感悟

不要去抱怨，不要去叹息，更不要去攀比。也许你羡慕别人的幸福，反过来别人还认为你比他幸福。了解自己的长处和短处，扬己之长，克己之短。不要花时间去了解别人，要多花时间去提高和完善自我。

“翠峰一动不如一静，念佛求人不如求己。”不要期望别人能给予你快乐，其实快乐的源泉就根植在自己的心田。自己的心愉悦，人就能快乐起来。自己的心烦恼，人就会痛苦不堪。

一点感悟

不管世界好不好，都要用好心情去容纳。先要宽容、宽怀这个世界，而后才能快乐地拥抱这个世界。放下贪嗔痴，轻松欢快自然经常追随。

禅语云：不是某人使我烦恼，而是我拿某人的言行来烦恼自己，不要拿别人的错误来惩罚自己是一种修行，快乐和烦恼，仅仅是一念之际。错误是别人的，快乐却是自己的，不要把别人的错误当成自己的烦恼。

不宽恕别人，不原谅别人，不谅解和体谅别人，那么就是苦了自己，人生哪里有快乐可言？！

一花一净土，一土一如来。自念心清净，处处莲花开。唯有真正放下心中的怨恨，才有发自内心的快乐。

笑口常开，笑天下可笑之人。福中有祸，祸中有福，人生一切都是变化的，生命永远是无常的。不以物喜，不以己悲，一切随缘。

一点感悟

不要以为世界很复杂，其实世界是简单的，复杂的是人心，是欲望把人心搞复杂了。人一简单就会快乐，人一复杂就会痛苦。坦荡的人多数简单，喜欢算计的人多数复杂。

放下过去的包袱和烦恼，不恐惧、不焦虑未来的生活，专心致志努力做好现在的事情，心平气和过好当下的生活，这就是内心宁静的表现。

智慧的人从来不奢望未来，也不去追悔已经过去的事情。哲人忠告：中年以前不要怕，中年以后不要悔。少年要努力，中年要懂得取舍，老年要活得淡定。

货币的价值不会因为沾上了垃圾而失去其使用价值，同样，鲜花在污浊的环境中照样怒放，荷花出淤泥而不染，智者在恶劣的环境中同样快乐地生活并且散发出智慧的光芒。

健康是最快乐的礼物，知足是最快乐的财富，信心是最快乐的品德。痛苦的根源就是自己的自私自利欲望，光为自己活着是极端的自私，一个人活着必须要为社会创造价值，为人民做贡献。

一点感悟

一年四季春夏秋冬，无论刮风下雨，还是艳阳高照，我们都要以喜悦的心去接纳。老天说下雨就下雨，说飘雪就飘雪，从来不会跟我们商量，我们只能快乐地接受。

高山俊美是因为它能够容纳各种各样的岩石，不管是有棱角的，还是奇形怪状的。天空广阔，变幻莫测又美丽多彩，是因为它能够容纳各种各样的天气变化。

我们生气的时候经常捏紧拳头，甚至在失去理智的情况下会与别人吵闹，但是，结果是拿自己的错误或者别人的错误再次惩罚自己。假如我们伸开双手愉快地拥抱整个世界，那么世界也是美好的。

唯宽才能够容人，唯厚才能够载物。宽容别人其实就是在善待自己。让我们学会宽容，学会谅解，学会换位思考，凡事先他人后自己，这样别人愉悦自己也高兴。人生短暂几十年，何不宽容对方快乐自己呢？！

看天上云卷云舒，荣辱不惊。观庭前花开花落，贫富不移。一次简单的相逢，一个不经意的微笑，就可能收获生命的果实。俗话说，金刚怒目，不如菩萨低眉。

一点感悟

第三部分

若心修得圆满，生活就会日趋圆满

禅宗认为，自心是佛，佛就在自己心中。佛是过来人，人是未来佛。修身养性，提高个人修养，是人生的一种境界。

学大山的宁静，学流水的欢畅，学悬崖上苍松的淡定，学花草的无憾。不要去抱怨环境，而要去适应环境，改变环境比较困难，而改变自己的内心却很容易。

头上是天，脚下是地，不卑不亢，简单清爽。不要厌倦平淡的生活，其实能把平凡的生活过得有滋有味就是最大的快乐、最大的幸福。

不是你的东西不要去羡慕，更不要去叹息。没有得到也谈不上失去。不要忽略平凡中的幸福：精神和身心的自由，心灵的飞翔和轻松，有爱你的和你爱的人，有干着但虽然经常让你烦心的工作。

身在万物中，心在万物上；心志要苦，意趣要乐；气度要宏，言行要慎；静能制动，沉能制躁；宽能制偏，缓能制急。

一点感悟

是是非非地，明明白白天；天欲祸人，先以微福骄之；天欲福人，先以微祸警之；人好用刚，我以柔克之；人好用术，我以诚感之。善用威者不轻怒，善用恩者不妄施。

做事要让别人感动，说话要让人高兴。不管大事还是小事，一样认真对待，细节决定成败，越是小事越不能马虎了事。说话要看对象，但是不能分卑贱高低，不管什么人一定要诚心相对。

健康往往在于早上，成功却往往在晚上。早上吃的要好，中午吃的要饱，晚上吃的要少。俗话说，早餐像国王，中餐像财主，晚餐却像乞丐。不要忽视工作之余的努力，许多成功都来自于晚上的用功。

人生好比是一条船，人生的环境就好比海洋。如果奢望没有风暴和没有暗流的海洋，那只能是小池塘。那些风暴、那些暗礁、那些急流，就是人生宝贵的经历和财富，你只有战胜它们，才能胜利到达理想的彼岸。

爱比恨伟大，宽容比惩罚更有力量。多感恩别人，哪怕是用谗言、用恶语恶毒攻击你的人，也可以促使自己反省，从而修正自己的言行。

一点感悟

批评别人容易，反省自己困难。人这一辈子总是挑别人毛病的多，而深刻自我批评的却太少。佛祖说：净化自己完全在于自己，别人无法替代。

佛语说："少欲无为，心身自在；得失从缘，心无增减；心若轻浮，安心向下。"得是时机，失是顺应。不要埋怨命运的不公平。

有为人诽，无为人轻。路人不踢死狗。越是有成就的人，越容易被人诽谤、非议。世界上没有不被人说的，要是光在意别人的议论，哪里还有生活的好心情。人言有好坏，不生喜怒哀乐之心。

不要陷入流言蜚语的陷阱，不要随便去评论别人，即使是敌人，也不要去说他的坏话。与其口舌生非，不如埋头努力，多读好书提高自身的道德修养。

谦受益，满招损。与人相处，不可好争。退一步为谦，让三分是德。以屈求伸，圆融处世。人本是人，不要刻意去做人；世本是世，不必精心去处世。

一点感悟

为人心胸多开阔，人生得失莫计较。常记别人三分好，莫言他人半分坏。星云大师说：“你对我错；你好我坏；你有我无；你乐我苦。”以退为进，常能使自己立于不败之地。

人生赤条条来，再赤条条去。最重要的是已经经历过的那些宝贵财富。

人无完人，玉无完玉，千万不要苛求。越是注重瑕疵的人，越容易苛求。自己越不完美的人，越容易苛求别人完美。但是世界上到哪里去寻找完美的人呢？！

得不到的，千万莫强求。人生七大苦：生、老、病、死、冤家聚头、求不得、伤感别离。荣辱得失，如过眼云烟，不要在心中留痕。

佛曰：一念悟，众生即佛；一念迷，佛即众生。云在青天水在瓶，内心需要宁静安详。人性、悟性、灵性。必须要早早领悟人生的真谛。

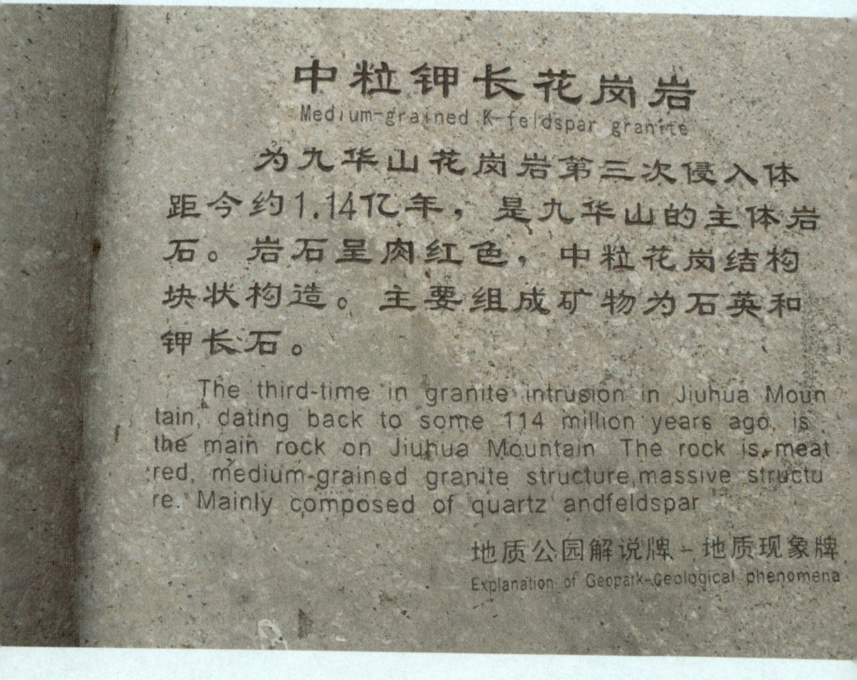

第四部分

顺境时要积蓄力量，
逆境时要从容应对

困难中需要乐观，悲伤中需要坚强，世上不如意事十之八九，如意只是美好的祝愿和愿望，不如意却是人生的常态。此路不通走另路，千万不要把时间耗费在愤怒、抱怨和哭泣上。

在厄运中满怀希望，在好运中不忘忧虑。有了一个好心态，就能够正确处理好人生的各种得失。在顺境时保持低调和冷静的心态，在逆境时充满希望和信心。保持一份宁静的心情，才有人生的幸福。得意不忘形，就不会乐极生悲；失意不悲观，就会绝处逢生。

星云大师说：“有苦有乐的人生是充实的，有成有败的人生是合理的，有得有失的人生是公平的，有生有死的人生是自然的。”

一点感悟

随遇而安，随时、随性、随缘、随心、随喜。有些人经常因为有所得而得意忘形，也因为有所失而痛哭流涕。往事如风，过去的已经过去，再怎么追悔也没有什么用，还不如换一种好心情来生活。

命是天生的，运是自转的。种水稻只能得到水稻，不能得到小麦，但是水稻能否长得好，却完全掌握在自己的手里。“好花乘着半开时，好酒宜在半醉中。”乐观看问题是欢乐，悲观看问题是痛苦。

一点感悟

粗者与人斗力，愚者与人斗气，慧者与人斗智，贤者与人斗志。所谓门坎，迈过去了叫门，迈不过去的叫坎。

生命是一场奇遇，生活是一场修行。人生应当多感恩，少抱怨。即使遇到恶劣的环境、巨大的挫折，也要心生感激之情。感谢给予磨练自己心志的良好机会。

顺境时要谨慎小心，如履薄冰，知道祸福相依，要格外地知福惜福。逆境时要牢记："往好处看，往大处想，往细处拆，往深处解。"

我们无法决定生命的长度，但是可以决定生命的宽度。无论逆境还是顺境，都要多一分气量，都能够坦然处之，靠的是一种胸怀和智慧。

“佛法在世间，不离世间觉；离世觅菩提，恰如求兔角。”不要以为顺境好修行，其实逆境才是真正好修行。佛说：疾病和痛苦是良药。

一点感悟

能屈才能伸，有忍耐才有能耐。能耐，就是能力加忍耐。能够忍别人一时之辱，能够耐别人片刻之疑，那么自己必定能改变被动的局面，为以后的成功奠定基础。

再完美的人，也有人诋毁。再低劣的人，也有同伙赞美。面对美言，不骄不躁，安心工作和生活。面对诽谤，不怨不恨。换一种心情，看云去。

没有迈不过去的坎，没有翻不过去的高山。淡然面对痛苦和伤疤，及时总结经验教训，提升自己的生存能力。顺境逆境看胸怀，喜怒哀乐看涵养，人生舍得看智慧，事业成败看坚持。

人生是苦日子长，甜日子短。所以要珍惜美好的时光，更不要抱怨苦闷的时刻。潮起潮落，风风雨雨，是正常的现象。

温室里从来不可能培养出参天大树，只有饱经风霜的树木才能够成材。人的强大首先是内心的强大，体力的强壮只是一个方面，如果内心不强大，也是一个懦夫。

一点感悟

得即是失，失即是得。老天把一扇门给你关上，也意味着给你打开另外一扇门。成功者的心里能容下整个世界，失败者的眼里却只有对手和敌人。

只有真正洞悉为逆境而烦恼的真相，才能够找到消除痛苦和郁闷的途径。不管是好日子还是苦日子，一样都要过得有滋有味，有条不紊，淡定从容。

每天想一想有趣的事情，不要只想自己的缺点，不要总认为自己最为不幸，不要总说自己不行，对生活充满信心，保持自我的特点，找出与众不同之处，学会倾听与倾诉。自我学习，自我娱乐，自我放松，只要生命不息，生活总有希望。

人只有掌握自己才是生命的强者。人生的命运是自己决定的，你可以快快乐乐地过一天，也可以悲悲戚戚地活一天。

人生多吃两样东西不会错，吃亏和吃苦。苦闷时不妨挤出一点时间，去独享宁静的时光，这闲暇的片刻就能带来幽兰般的清香。

一点感悟

第五部分

学会欣赏和尊重，人生处处是风景

尊重别人，等于尊重自己。欣赏别人，等于欣赏自己。有容乃大，包容别人，就是扩大自己。挑剔别人，就是缩小自己。

在人之上，要把别人当人；在人之下，要把自己当人。自以为灯，自助者天助也。只有自信自强才有自尊。

“人”字最简单，却最难写。有的人虽然人到古稀都不明白做人的道理，结果总是不受欢迎。有的人虽然只是三十而立，却已经熟练地掌握了做人的艺术，从而成为到处受欢迎的人。

智慧人生最为重要，小聪明却会处处碰壁。从小工于心计，处处去算计别人，就会走上歪门邪道，就有人人厌烦的恶名，处处投机取巧，见人说人话，见鬼说鬼话，必定回回弄巧成拙。一个人不依靠自己的真实才能，只凭小聪明去处世，恐怕是很难生存的。

不要整天埋怨命运的不公正，不要时刻讨厌身边的人，不要厌倦本来就珍贵的时光。你失去的也许就是不属于你的，你得到的也会渐渐地散去。

一点感悟

不要给人难堪，善于给别人下台阶，这是留余地的奥妙。

古人云："处事须留余地，责善切戒尽言。"要是自己经常居安思危，就会在言行方面留有余地；千万不要咄咄逼人，把别人逼入绝境。

水至清则无鱼，人至察则无友。对己宽，对人严，易招别人恨，易招别人烦。宽以待人，严以律己，就会多去看别人的优点。宽恕别人的小过，容忍别人的小短，就有友谊。

多给别人关切的目光，多给别人温暖的感情，多给别人亲切的言语。人人都渴望关切的目光，人人都渴望亲切的问候。

人在春风得意的时候，永远有许多所谓的朋友和朋友；而在逆境中，就能够看清这些朋友是不是真朋友。

拥有良好的人际关系，主动权在自己的手里，不在别人的身上。改变自己的心情，改变自己的习惯，改变自己的言行，就能够拥有良好的人际关系。既不要高看别人，也不要低看自己。

一点感悟

吃亏是福，退一步海阔天空，让三分心平气和。塞翁失马，焉知非福。吃得小亏，才不至于吃大亏。一点小亏都不肯吃，一点小挫折都不能承受，那么人生就种下了祸根。

鹬蚌相争，渔人得利。其实相互对抗不如相互合作，把宝贵的时间浪费在与人无聊的抗争上，不仅消耗自己的精力，更增加莫名的烦恼和痛苦，而且一争必定两败。

一个人有愉快的生活态度，能够给自己和别人都带来美好的人生。你给别人美好的祝福，同样也带给自己无形的财富。一句“您好，早上好！”的温馨问候，能给彼此都带来一天愉快的心情。送给别人甜蜜的微笑，同样也带给自己一份好心情。快乐洒满人生路，别让晦气跟随自己。

狐狸因为吃不到葡萄，反而埋怨那是酸葡萄，学会控制自己的情绪。流溪多会潺潺作响，而大海总是默不作声。有涵养的人总是处惊险不慌乱，有喜讯不忘形。逐步培养沉着、稳重的性格，会对自己的成功大有裨益。

好脾气助人成功，坏脾气拖人后腿。一个性情怪僻的人，肯定令人厌恶，无人理睬。脾气乖戾、言行乖谬，轻则使人费解，重则使人退避三舍。凭个人好恶，意气用事，就会以偏概全，我行我素。就会不尊重别人，主观武断，就会难与他人和睦相处，就会众叛亲离，走向衰败。

一点感悟

站在屋顶最高处独自享受快乐，随时都有跌下来摔死的危险。不如像大象那样站在草坪上，一起享受美丽的彩霞。

即使自己是对的，也要把别人的批评当作最好的忠告。心平气和地看待别人对自己的挑剔，合理的采纳，不合理的理智对待。善待别人的批评，才能飞快进步。不要敌视提意见的人，要把他们当作诤友。

每个人都是不一样的。他人有他人的长处，也有其短处；自己有自己的长处，也有短处。总疑春色在人家，就会活得没有人样。总是以自己的短处与别人的长处相比较，就会越比越心烦，越比越痛苦。把精力放在自己身上，经营好自己的长处，过好自己的日子，保持一颗平常心，比什么都重要。

春花、夏风、秋果、冬雪，人生时时有美景。只有懂得享受生命的人，才会珍惜生命，才能够坐看云起，从容体会人生的妙境。有人说："虽然没有多少金钱，但是有悠闲的时间，所以能够充分地享受大自然的风光。虽然没有显赫的地位，但是有很多时间，所以能够无拘无束地做想做的事情。虽然没有漂亮的容貌，但是没有由此而来的烦恼，所以能够安然地享受甜美的梦境。"

人生好像是一次旅行，在旅途中会遇到各种各样的人，也会遇到各种各样的困难和挫折，也能享受到各种各样的快乐。人往往是在旅途中认识世界、认识自我，感知自然、提升自我。